健康事典

U0224705

无油烟
轻松煮

柯俊年 李耀堂◎著

江苏美术出版社

Contents

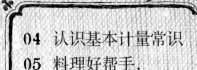

PART1
简单的蒸类料理

PART 2
方便的炖卤料理

PART 3
快速的水煮料理

★认识基本计量常识

有一些决定风味的基础调味料，如盐、细砂糖、酱油等，到底要多少分量才能使菜肴有最佳的味道；虽然浓淡可随个人口味不同而调整，但适量与少许的分别，也会影响菜肴的风味，也足以使每个人做出来的口味不同。所以我们就来窥测一下它们的世界吧！

1大匙=15克　1小匙=5克　1/2小匙=2.5克

☆标准量匙

【粉状的量取】

细砂糖、盐、白胡椒粉等颗粒或粉末状调味料的标准量取：先将1匙舀满，再以刮刀(或铁汤匙柄或筷子)沿着汤匙边缘刮平，保持平坦状态即为1匙。

【少许】

将盐放在食指前端，约大拇指顶住第一指节的位置，此状态为1/8小匙的分量。

【1/2匙的量取】

取1匙的量匙装满后，用刮刀刮平表面，再以刮刀划分一半，挖除一半分量。

☆计量杯

左为电锅量杯(1杯=200毫升)、右为刻度量杯(1杯=500毫升)。测量需要量较多的液体，如水、高汤等，必须将量杯置于平坦处，将所需要的量倒入后，在侧面水平角度平视刻度线，计量才会准确。

【适量】

将盐放在食指和中指前端，约拇指顶住第二指节的位置，此状态为1/5小匙的分量。

【液体的量取】

用量匙量取液体调味料，须沿着汤匙边缘慢慢倒入至满，以表面张力为顶点才是1匙；1/2匙则大约是目测装至1匙的2/3高度。

☆电子秤

放上材料前或是盛装材料的容器后，指数必须"归0"才可计量。

【贴心叮咛】

★本书蒸、炖卤料理分量为家庭量3~4人份；水煮菜分量为2人份。

★单位换算参考表

1杯＝240毫升

1杯电锅量杯＝200毫升

1大匙＝15克

1小匙＝5克

★料理好帮手，烹调出好味道

☆调理盆&打蛋器

选购调理盆以盆底窄、往上延伸开口逐渐变大为宜，这样在搅拌时更容易拌到所有角落且均匀。调理盆在腌渍食物、搅拌馅料及调制凉菜酱汁时经常使用，可根据食材多少来挑选空间合适的调理盆。在拌酱汁时用打蛋器搅拌，比使用汤匙、筷子更方便，且容易拌均匀。

☆计时器

烹调长时间炖卤料理的小帮手，可以协助提醒时间，以免不小心卤过头，而造成危险。选购时以同时有分、秒装置为佳。

☆滤网/漏勺

滤网(或漏勺)是烫煮食材时方便捞取、沥干的器具，除了金属材质外，还有耐高温250℃以上的硅胶材质可挑选。

☆夹子

制作凉菜时，可以利用夹子抓拌，以便更容易让食材均匀附着酱汁，会比使用筷子或汤匙更方便快捷。

料理的叮咛

●辛香料&中药材的清洗和保存

建议到有信誉的中药店或杂货店购买，若有受潮或发霉现象，最好不要购买，且烹饪前记得用清水(或冷开水)冲洗干净，去除灰尘、杂质，这样才较卫生安全。买回来后请密封好放在通风处保存或放在冰箱冷藏库侧门保存。

●食材的汆烫

汆烫时必须等水滚后才能放入食材煮熟，在烫蔬菜时也可以加少许盐一起煮，可增加蔬菜的脆度和鲜亮色泽；烫海鲜或肉类，可以加入少许米酒、葱、姜去除腥味。

●调味料先拌匀

蒸料理的淋酱建议先拌匀再铺于食材上，以便让酱汁均匀分布于每样食材；炖卤料理的卤汁放入炖锅后，也可以用汤匙稍微拌一下，让卤汁快速融合；水煮料理的酱汁若有较浓稠或颗粒较大的材料，如味噌、豆豉、葱、蒜、辣椒等，建议与其他液体调味料拌匀后再淋于煮熟的食材上，这样味道会更均匀。

●捞除浮沫&公用餐具夹取

炖卤、汆烫过程所产生的浮油、肉渣及杂质务必用汤匙或滤网捞除，这样卤汁才不会混浊。食用卤菜时，务必使用干净无水分的公用汤匙或筷子夹取，避免因个人餐具夹取而污染整锅卤菜。

简单的蒸类料理

利用蒸锅锁住原味、保留营养的简单料理。

Steam

★ 蒸料理的三大优点

每天吃的菜，除了美味外，若能兼顾健康和方便性，那就更完美了！当了解蒸料理的优点后，你会发现，烹调是一件非常简单的事。

1 健康清爽

通过水蒸气原理将食材蒸熟，蒸煮出来的料理能够保留原汁原味以及清爽不油腻的口感，远比煎、炒、炸来得健康又容易烹调。因为保持在100℃左右的温度，在烹调过程中，除了水蒸气并无油烟产生，没有油炸等高温会产生的不健康影响；且蒸的过程中也会把肉类过多的油脂释放出来至汤汁中，降低肉品本身的油腻度，使得热量降低。

★ 适合蒸制的锅具

在家里做蒸菜，可以选择蒸锅、电锅来蒸制，或是利用炒锅加上蒸架来做。不建议使用竹制蒸笼，因为不易清洗，且保存不当容易受潮发霉。

🍲 蒸锅 & 炒锅

蒸锅和炒锅都是采用炉火上的直接加热方式，锅中的空间较大，热气除了上下以外，还有左右的空间可让水蒸气循环，受热比较均匀，且火力可以控制。也因空间大，非常适合蒸制整条鱼。蒸锅的锅盖具有透气功能，可方便水蒸气对流，使用起来比炒锅更方便，挑选时以透明锅盖为宜，可方便判断食物的熟度。市售炒锅的锅盖若没有通气孔，盖紧锅盖会使锅里变成真空状态，不但水蒸气无法对流，也会影响比较软的食材的外观，如蒸蛋。因此若锅盖没有通气孔，建议可在锅盖与锅身间放一支筷子，留出缝隙使蒸汽顺畅循环。

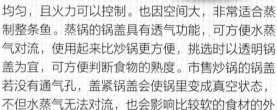

🍲 电锅

电锅里的空间比较窄，热气的循环只有上下流通，一般来说蒸的时间需要比炒锅长；电锅的热度稳定，适合用在蒸的时间超过20分钟以上的菜种上。用电锅蒸菜真的很简单又方便，只要外锅的水量拿捏准确，按下开关键就可以了，不需要守在电锅旁边看着，因为当外锅水量蒸发完毕，开关键便会自动跳起为保温状态，不用担心水烧干后会不安全。若是还没有熟透，也可以稍微等一下后再加水，再次按下按键继续蒸煮，连厨房新手都能轻松上手。

🍲 蒸制时间对照表

蒸锅(或炒锅)大火蒸8分钟＝电锅外锅加1杯水，蒸的时间以水滚后开始计算。这章每道食谱都有提供两种锅具水量、时间参考值，让你能够灵活运用。

锅具	蒸锅/炒锅	电锅
火候/水量	大火	外锅水1杯量米杯
时间	8分钟	15分钟

2 留住营养

由于是采透过水蒸气循环方式加热，而不是炉火上的直接加热，所以能均匀受热而保持食物养分，吸收率也会提高。据专家研究指出，蒸蛋的营养保存与消化率为98.5%，而煎蛋的消化率只有81%。

3 成功率高

只要能掌握火候与蒸锅底锅的水量，就能轻松烹调滋味鲜美的各式菜肴，连厨房新手都可以简单上手。若使用电锅，则更容易操作，不需要太复杂的学习，不必担心水会煮干，毁了食材，中途也可以打开锅盖检视食材的熟度或添加水量，延长蒸煮时间。

★蒸出美味的诀窍

若能在烹调时掌握以下的重点和诀窍，相信可以轻松蒸煮出健康清爽的蒸料理。

🕑 时间与火候

料理时需等水滚后有水蒸气冒出再放入蒸锅(炒锅)中蒸，而蒸的时间是以此为计算开始点；电锅则以外锅水量作标准。至于火候，使用蒸锅(炒锅)时，请全程使用大火，但蒸蛋时请于水滚后改用中小火，表面才不会产生蜂窝状。

🍴 装盛餐具的挑选

采用蒸汽原理将食物蒸煮，以耐高温的食器(可耐热110℃)为宜，如瓷器、厚玻璃、竹制与不锈钢制品；且由于蒸菜带有汤汁，请选择带有盘边、有深度的容器来蒸。切忌挑选加热中会释放有害物质的塑料碗盘、有颜色的纸杯纸碗来蒸制。

🥢 判断食物是否蒸熟的方法

要判断食物是否蒸熟，可以利用筷子或叉子测试，当插入鱼类或肉类中心点，流出的汤汁清澈表示熟了，若是带血色的汤汁表示还没熟，请延长蒸制时间。

🔥 小心蒸汽与烫手

刚蒸好时，锅盖因上升的水蒸气聚集在锅盖内部，所以此时翻开锅盖时，锅盖背需向自己，以避免烫伤。要从锅内取出时，也需要工具辅助，如起锅夹、隔热手套等。使用起锅夹需从中心抓取，才不会因重心不稳而翻倒。

🥒 利用酱菜提升美味

荫瓜（腌小黄瓜）、豆腐乳、香玉笋、素瓜仔肉、什锦菜等酱菜，除了直接配稀饭、夹馒头或吐司食用外，还能拿来料理调味，例如：荫瓜可以切丁后和绞肉一起卤成肉燥；豆腐乳可以拌入肉馅中调味做腐乳蒸肉丸；素瓜仔肉、什锦菜可直接铺于蒸料理上，利用酱菜本身的味道和丰富的配料来提升菜肴的美味。平时可以买些酱菜存放，对于忙碌的上班族非常实用，开封后记得放冰箱保存，并尽快食用完毕。

干贝粉

萃取干贝精华制成的调味品，自然的鲜味适合各类料理方式，添加1小匙就可以引出食物本身的美味。

Cooking Tip

● 老豆腐容易出水，撒淀粉于凹洞，可以让填入的肉馅固定于豆腐中。

● 福建镶豆腐的特色为含虾米和白胡椒粉调味，刚蒸好的镶豆腐建议放凉，食用时再回温，可以让豆腐更入味。

福建镶豆腐

蒸锅
▷ 大火10分钟
电锅
▷ 外锅2/3杯水

Start

生鲜材料

老豆腐2块(600克)、猪绞肉250克
干香菇(泡软)2朵、青葱1根、香菜10克

其他材料

樱花虾20克

调味料

A 盐1小匙、干贝粉1小匙
米酒1小匙、淀粉2大匙

B 酱油2大匙、白胡椒粉1小匙
细砂糖1大匙、水100毫升

C 香油1小匙

1 用汤匙将老豆腐中间挖约2/3深度(挖出的豆腐碎留着和肉馅拌匀)的凹洞,撒少许淀粉于凹洞四周(分量外),备用。

2 将猪绞肉、香菇碎、葱末和樱花虾放入调理盆,加入所有调味料A抓匀,再加入豆腐碎拌匀,即为肉馅。

准备

3 将豆腐排列于盘中,取适量肉馅依序填入老豆腐凹洞,均匀淋上拌匀的调味料B备用。

4 将蒸锅底锅的水加热至滚,放入装绞肉豆腐的盘子,盖上锅盖,以大火蒸约10分钟即可熄火(或放入电锅蒸至开关跳起来)。

老豆腐 切长方形
用厨房纸巾吸干表面水分,每块切成3等份为长方形。

干香菇 切碎
干香菇去蒂头,切碎。

青葱 切末
青葱切末。

香菜 切小段
香菜去头,切小段。

5 小心打开锅盖,取出绞肉豆腐,淋上香油,撒上香菜即可。

11

蒸锅
▷大火20分钟
电锅
▷外锅1又1/3杯水

蜜枣蒸排骨

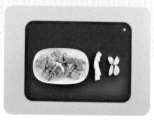

生鲜材料

排骨250克、嫩姜20克
蒜4瓣

其他材料

蜜枣40克、荫豆豉1大匙

调味料

细砂糖1大匙、酱油1大匙

Start

1 排骨放入调理盆中，加入姜片、蒜碎、蜜枣、荫豆豉和调味料抓匀。

Cooking Tip

蜜枣可以到杂货店、花草茶店购买，添加适量于菜肴中，可增加甘甜滋味，可以丰富口感。

准备

嫩姜
▷**切菱形片**
嫩姜切菱形片(或薄片)。

蒜
▷**切碎**
蒜切碎。

2 将抓匀的排骨铺于盘中。将蒸锅底锅的水加热至滚，放入装排骨的盘子，盖上锅盖。

3 以大火蒸约20分钟即可熄火(或放入电锅蒸至开关跳起来)。小心打开锅盖，取出排骨即可。

荫豆豉

荫豆豉采用黑豆，经过加盐入瓮的传统腌渍，经过6个月后酿造制成，再原汁原味取出，适合蒸、卤类料理，如豆豉排骨、豆豉苦瓜、豆豉鲜蚵。

南瓜腐乳蒸肉丸

蒸锅
▷大火15分钟
电锅
▷外锅1杯水

生鲜材料
猪绞肉500克、南瓜1/2个(400克)
蒜3瓣、香菜15克

其他材料
辣豆腐乳2块

调味料
酱油1小匙、米酒2大匙、香油1大匙

Cooking Tip
南瓜可以换成甘薯、芋头或土豆；若不敢吃辣，可以换成一般的豆腐乳调味。

准备

南瓜　切小块
南瓜去籽后去皮，切小块。

蒜　切碎
蒜切碎。

香菜　切碎
香菜去头，切碎。

辣豆腐乳
富含黄豆本身的滋味，再加上辣椒的辛香提味，适量添加于肉馅中可以让这道肉丸增添多层次的风味。平时也可以搭配稀饭或抹少许于馒头中食用。

Start

1 猪绞肉、蒜碎、辣豆腐乳放入调理盆中，加入调味料抓匀即为肉馅。

2 南瓜铺于盘中垫底，将肉馅分成数个，整成圆形后依序放于南瓜表面。

3 将蒸锅底锅的水加热至滚，放入装腐乳肉丸的盘子，盖上锅盖，以大火蒸约15分钟即可熄火(或放入电锅蒸至开关跳起来)。

4 小心打开锅盖，取出腐乳肉丸，撒上香菜即可。

13

客家咸菜蒸肘子

生鲜材料

卤猪肘子1副(600克)
客家咸菜500克、红辣椒3根
青葱3根

其他材料

辣豆豉3大匙

调味料

米酒3大匙、香油1大匙

Cooking Tip

客家咸菜需泡水10分钟去除多余的咸味和灰尘，用清水洗过再烹饪为宜。

Start

1 取1/2分量客家咸菜铺于盘中垫底。

2 放上猪肘子、剩余客家咸菜、辣椒片和葱段。将调味料和辣豆豉拌匀，再均匀淋于猪肘子上。

3 将蒸锅底锅的水加热至滚，放入装咸菜猪肘子的盘子，盖上锅盖，以大火蒸约15分钟即可熄火(或放入电锅蒸至开关跳起来)。

4 小心打开锅盖，取出咸菜猪肘子即可食用。

卤肘子

将1副肘子放入滚水汆烫后取出，将表面杂质洗净再放入锅中，加入1个囟包、4瓣蒜、2根青葱、20克嫩姜、2条红辣椒、120毫升酱油、3大匙冰糖、960毫升水煮滚，转小火卤约40分钟至肘子软且入味就可以了(或电锅蒸制，外锅2杯水蒸至开关跳起来)。

准备

卤猪肘子
▷切一口大小
卤猪肘子切一口大小。

客家咸菜
▷切条状
咸菜泡水10分钟后洗净，切条状。

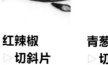

红辣椒
▷切斜片
红辣椒切斜片。

青葱
▷切小段
青葱切约3厘米小段。

辣豆豉蒸双肠

蒸锅
▷ 大火10分钟
电锅
▷ 外锅2/3杯水

生鲜材料

熟大肠250克、油豆肠250克
洋葱50克、香菜15克

其他材料

辣豆豉1大匙

调味料

酱油膏2大匙、细砂糖1小匙
绍兴酒1大匙、白胡椒粉1/2小匙
香油1大匙

准备

熟大肠　　油豆肠
**　切小段　　切小段**
熟大肠切约　　油豆肠切约
1.5厘米小段。　1.5厘米小段

洋葱　切丝　　香菜　切小段
洋葱切丝。　　香菜去头，
　　　　　　　切小段。

Start

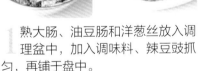

1　熟大肠、油豆肠和洋葱丝放入调
　理盆中，加入调味料、辣豆豉抓
匀，再铺于盘中。

Cooking Tip

可买市售熟大肠。也可买
生大肠，将其洗过后，加入适
量盐及面粉，反复搓揉直到黏液
完全洗净，再用大量清水洗净，放
入加1个八角、1根青葱、15克嫩
姜、50毫升米酒、500毫升滚水
的锅具中，以小火煮至软而
筋道弹牙即可。

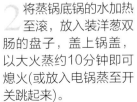

2　将蒸锅底锅的水加热
　至滚，放入装洋葱双
肠的盘子，盖上锅盖，
以大火蒸约10分钟即可
熄火(或放入电锅蒸至开
关跳起来)。

3　小心打开锅盖，
　取出豆豉双肠盘
子，撒上香菜即可。

Cooking Tip

● 利用塑料袋搓揉，来辅助香树子去籽更方便；皮蛋可以先蒸过，这样蛋黄不会太黏，更容易切。

● 填馅时，肉馅需紧贴苦瓜内圈边缘，可避免蒸好后散开。

皮蛋苦瓜镶肉

蒸锅
▷大火20分钟
电锅
▷外锅1.5杯水

Start

1 香树子放入塑料袋中，搓揉后剥除籽，再放入调理盆，加入生鲜材料B和调味料拌匀，即为皮蛋肉馅。

生鲜材料

A 苦瓜350克
B 猪绞肉150克、马蹄3个(40克)
 青葱2根、皮蛋2个

其他材料

罐头香树子40克

调味料

酱油膏1大匙、白胡椒粉1/2小匙
香油1大匙、细砂糖1/2小匙

2 将苦瓜圈排列于盘子，取适量皮蛋肉馅填入苦瓜圈中，再用拌匙稍微按压并抹平。

3 将蒸锅底锅的水加热至滚，放入装苦瓜镶肉的盘子，盖上锅盖，以大火蒸约20分钟即可熄火(或放入电锅蒸至开关跳起来)。

准备

苦瓜▷**去籽**
苦瓜切约3厘米圈状，去籽。

4 小心打开锅盖，取出苦瓜镶肉即可。

马蹄▷**切碎**
马蹄切碎。

青葱▷**切末**
青葱切末。

皮蛋▷**切碎**
皮蛋剥壳，切碎。

罐头香树子
除了树子本身的香气外，还带有黑豆的芳香；视觉上不仅能让菜肴呈现诱人的酱色，同时在味觉上也更可口，适合烹调树子山苏、树子豆腐。

和风萝卜蒸鸡腿

蒸锅
▷ 大火15分钟
电锅
▷ 外锅1杯水

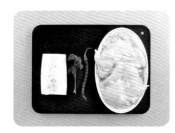

生鲜材料

去骨鸡腿肉2片(约500克)
白萝卜400克、红辣椒1条
新鲜法香（麝香草）3克

其他材料

干海带丝20克

调味料

清酒100毫升、和风酱油1大匙

准备

去骨鸡腿肉
　切小块
鸡腿的肉切约
4厘米块状。

白萝卜　磨泥
白萝卜去皮后切条，用磨泥
板磨成泥。

干海带　泡发
干海带丝放入
碗中，加入适
量水（盖过海
带丝），泡约5
分钟至发。

红辣椒　切碎
红辣椒剖开后去籽，切碎。

新鲜法香
　切碎
法香切碎。

Start

1 取一个大碗，放
入萝卜泥垫底，
依序放上鸡腿肉、泡
开的海带丝，均匀淋
上清酒。

2 将蒸锅底锅的水加热至滚，放入装海带
鸡腿的大碗，盖上锅盖，以大火蒸约
15分钟即可熄火(或放入电锅蒸至开关跳起
来)。

3 小心打开锅盖，取
出海带鸡腿，淋上
和风酱油，撒上辣椒
碎、法香碎即可。

干海带丝

海带丝是由整条海带所裁切的干
货，含丰富维生素与矿物质，可
以到杂货店或超市购买，泡冷水
约5分钟就会涨大了，比使用整
条海带节省更多的时间。

Cooking Tip
干贝即为生干贝，晒干后的干贝又称瑶柱，生干贝料理前可以用米酒浸泡，能达到去腥提鲜的作用。

干贝蒸鸡肉饼

蒸锅
▷大火15分钟
电锅
▷外锅1杯水

生鲜材料

A 鸡绞肉400克、干贝4个(40克)
马蹄6个(100克)
B 蛋液1/2个、胡萝卜50克
青豆35克、香菜25克

调味料

酱油1大匙、米酒3大匙
白胡椒粉1小匙、味淋2大匙

准备

干贝 切小丁 马蹄 切碎
干贝切小丁。 马蹄切碎。

胡萝卜 切细条 香菜 切小段
胡萝卜去皮，切细条。 香菜去头，切小段。

Start

1 鸡绞肉、马蹄碎放入调理盆，加入蛋液拌匀，再加入调味料拌匀即为肉馅。

2 取适量肉馅整成扁圆形，放上适量干贝丁，包裹成小球状，再排列于盘中，用拌匙稍微压扁备用。

3 将蒸锅底锅的水加热至滚，放入装干贝鸡肉饼的盘子，盖上锅盖，以大火蒸约10分钟，再铺上胡萝卜条、青豆，续蒸5分钟即可熄火(或放入电锅蒸至开关跳起来)。

4 小心打开锅盖，取出干贝鸡肉饼即可食用。

味淋
以米为原料，再加上曲、糖等酿造而成的味淋，又称为米霖，能去腥，可以代替糖的甜味，带有甘甜淡雅的香气。

蒸锅
▷大火20分钟
电锅
▷外锅1又1/3杯水

甘薯蒸牛小排

Cooking Tip

● 若不想让甘薯吸过多水蒸气，而使口感变得软烂，建议可改为放于电锅附的蒸盘中，避免直接接触盘底。

● 为避免被锅中冒出的蒸汽烫伤，在打开锅盖时，开口方向务必朝外。

生鲜材料

牛小排400克、甘薯300克
香菜15克

调味料

蒜茸辣椒酱2大匙
细砂糖1大匙
米酒2大匙、孜然粉1小匙
香油1大匙

准备

甘薯 ▷ **切滚刀块**
甘薯去皮，切滚刀块。

牛小排 ▷ **切大块**
牛小排切约6厘米大块。

香菜 ▷ **切碎**
香菜去头，切碎。

Start

1 甘薯排入盘中垫底，牛小排放入调理盆，加入所有调味料抓匀，再铺于甘薯表面。

2 将蒸锅底锅的水加热至滚，放入装甘薯牛小排的盘子，盖上锅盖，以大火蒸约20分钟即可熄火（或放入电锅蒸至开关跳起来）。

3 小心打开锅盖，取出甘薯牛小排，撒上香菜即可。

什锦荫瓜蒸鱼肚

蒸锅
▷ 大火10分钟
电锅
▷ 外锅2/3杯水

生鲜材料

无刺虱目鱼（海草鱼）肚3副(1000克)
嫩姜20克、红辣椒1根、蒜2瓣

其他材料

罐头什锦菜150克
荫瓜100克、荫瓜汁3大匙

调味料

荫油1大匙、香油1大匙

准备

嫩姜 切碎
嫩姜切碎。

红辣椒 切碎
红辣椒剖开后去籽，切碎。

蒜 切碎
蒜切碎。

Start

1 荫瓜切碎，和姜碎、辣椒碎、蒜碎混合，再剁更碎。

2 将虱目鱼肚排放于盘中，铺上做法1材料，均匀淋上荫瓜汁，再铺上什锦菜。

3 将蒸锅底锅的水加热至滚，放入装虱目鱼肚的盘子，盖上锅盖，以大火蒸约10分钟即可熄火（或放入电锅蒸至开关跳起来）。

4 小心打开锅盖，取出虱目鱼肚即可。

罐头什锦菜
家中可随时准备含木耳、竹笋、面筋、花生等食材的什锦菜罐头，当手边没有太多蔬菜时，它将是提升菜肴美味的好帮手。

清酒蒸蚬肉

蒸锅
▷大火10分钟
电锅
▷外锅2/3杯水

生鲜材料
熟蚬肉300克、猪绞肉200克
青葱1根、嫩姜20克

调味料
清酒100毫升、味噌2大匙、细砂糖1小匙
白胡椒粉1/2小匙、和风酱油1大匙

准备

青葱▷切末
青葱切末。

嫩姜▷切碎
嫩姜切碎。

Start

1 所有生鲜材料放入调理盆，加入调味料抓匀，再铺于盘中备用。

Cooking Tip
可以到传统市场购买已去壳且煮熟的蚬肉来料理，可节省许多的准备时间。

2 将蒸锅底锅的水加热至滚，放入装蚬肉的盘子，盖上锅盖，以大火蒸约10分钟即可熄火(或放入电锅蒸至开关跳起来)。

3 小心打开锅盖，取出蚬肉即可(可再撒上香菜叶装饰)。

和风酱油
加入天然柴鱼、海带萃取物调味的和风酱油，适合各式日式轻食料理或海鲜类火锅的调味。

西兰花镶海鲜

蒸锅
▷大火8分钟
电锅
▷外锅1/2杯水

生鲜材料

墨鱼浆200克、虾仁50克
西兰花150克、胡萝卜35克
香菜20克

调味料

白胡椒粉1/2小匙、香油1大匙
松露酱油2大匙、味淋1大匙

准备

西兰花　　**胡萝卜 ▷ 切碎**
▷ 切除粗外皮　胡萝卜去皮，
西兰花切除尾　切碎。
端粗外皮。

香菜 ▷ 切碎
香菜去头，
切碎。

Start

1 西兰花放入滚水中氽烫，捞起沥干水
分备用。将所有生鲜材料放入调理盆
中，加入调味料拌匀即为海鲜蔬菜馅。

2 取适量海鲜蔬菜
馅抹于西兰花梗
周围，再放于盘中，
依序完成所有西兰花
裹覆动作备用。

3 将蒸锅底锅的水加热至滚，放
入装西兰花镶海鲜的盘子，盖
上锅盖，以大火蒸约8分钟即可熄
火(或放入电锅蒸至开关跳起来)。

4 小心打开锅盖，
取出西兰花镶海
鲜即可食用。

Cooking Tip

包裹鲷鱼时，避免沾附太多调味酱汁，以免馄饨皮太湿，而导致调味料渗出造成破皮；鲷鱼也可以改成鳕鱼。

鲷鱼馄饨

蒸锅
▷大火15分钟
电锅
▷外锅1杯水

生鲜材料

鲷鱼片350克、馄饨皮16片
油菜150克、嫩姜20克、蛋1个

调味料

A 酱油1大匙、香油2小匙
味噌1大匙、米酒1大匙
细砂糖1小匙、白胡椒粉1小匙
B 酱油适量

1 鲷鱼放入调理盆，加入姜末、蛋液和调味料A抓匀备用。

2 取1片馄饨皮，于中央放入1块鲷鱼，包裹成枕头状，依序完成所有包裹动作，即为鲷鱼馄饨（16个）。

准备

鲷鱼片 切小块
鲷鱼片切约3厘米小块。

油菜 剥开
油菜取叶片。

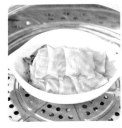

3 将油菜铺于盘底，依序放上鲷鱼馄饨(收口朝下)。

4 将蒸锅底锅的水加热至滚，放入装鲷鱼馄饨的盘子，盖上锅盖，以大火蒸约15分钟即可熄火(或放入电锅蒸至开关跳起来)。

5 小心打开锅盖，取出鲷鱼馄饨，食用时依喜好蘸酱油B即可。

嫩姜 切碎
嫩姜切碎。

蛋 打散
蛋打散成液状。

味噌

味噌为豆、米、大麦、盐、水及曲菌，经发酵而制成，大致分为甘口味噌、辛口味噌。甘口味噌的味道清淡含盐量较低，其中以白味噌、信州味噌为代表，适合作为海鲜类的调味。

鲑鱼圆白菜卷

蒸锅
▷ 大火10分钟
电锅
▷ 外锅2/3杯水

生鲜材料

鲑鱼250克
圆白菜叶150克(4片)
青葱2根、洋葱50克

调味料

A 白胡椒粉1小匙、和风酱油2大匙
味淋2大匙、香油1大匙
B 酱油膏适量

准备

鲑鱼 搅打成泥
鲑鱼切小块，用电动搅拌棒
(或放入榨汁机)搅打成泥。

青葱 切末　　**洋葱 切碎**
青葱切末。　　　洋葱切碎。

Start

1 圆白菜放入滚水中汆烫，夹起沥干水分后待微凉，切除硬梗备用。

2 将鲑鱼放入调理盆中，加入青葱末、洋葱碎和调味料A拌匀即为鲑鱼馅。

3 取1片圆白菜叶，于叶片中央处铺上适量鲑鱼馅，向上卷起包裹成枕头状，依序完成其他3份。

4 将做法3中的成品排列于平盘中。将蒸锅底锅的水加热至滚，放入装圆白菜的盘子，以大火蒸约10分钟即可熄火(或放入电锅蒸至开关跳起来)。

5 小心打开锅盖，取出圆白菜卷，待稍凉后切段，盛盘，淋上酱油膏即可。

酱油膏
在杀菌前加入含淀粉质丰富的糯米，因此比一般酱油口感浓厚，建议可选用传统瓮缸酿造出的古早味酱油膏，其味道甘醇微甜而不太咸，适合作为蒸类、炖煮调味品或蘸酱。

剁椒米苔目蒸鲂鱼

蒸锅
▷ 大火10分钟
电锅
▷ 外锅2/3杯水

Start

1 荫菠萝切碎，和辣椒碎、姜碎、蒜碎、葱碎混合，再剁更碎备用。

2 将米苔目铺于盘中，放上鲂鱼，铺上做法1材料，淋上荫菠萝汁。

生鲜材料

鲂鱼250克、米苔目（客家粉条）250克
红辣椒5条、嫩姜20克
蒜2瓣、青葱1支、香菜25克

其他材料

荫菠萝60克、荫菠萝汁3大匙

调味料

香油2大匙

3 将蒸锅底锅的水加热至滚，放入装荫菠萝鲂鱼的盘子，盖上锅盖，以大火蒸约10分钟即可熄火(或放入电锅蒸至开关跳起来)。

4 小心打开锅盖，取出米苔目鲂鱼，淋上香油，撒上香菜，即可食用。

准备

鲂鱼 切小块
鲂鱼切小块。

红辣椒 切碎
红辣椒剖开后去籽，切碎。

Cooking Tip
鲂鱼又称多利鱼、国宴鱼、武昌鱼，没有腥味且无刺，肉质口感和鳕鱼相似。

嫩姜 切碎
嫩姜切碎。

蒜 切碎
蒜切碎。

香菜 切小段
香菜去头，切小段。

荫菠萝（荫凤梨）
经过腌渍过的菠萝，其甘美滋味可以让料理增添香气和丰富的口感，适合做菠萝苦瓜鸡汤、清蒸鲜鱼。

丝瓜蒸扇贝

蒸锅
▷大火15分钟
电锅
▷外锅1杯水

生鲜材料

丝瓜250克、扇贝肉250克
洋葱50克、金针菇50克

其他材料

枸杞子15克

调味料

香油1大匙、白胡椒粉1/2小匙
酱油2大匙、水2大匙

Start

1 将丝瓜铺于盘中围边，备用。

Cooking Tip

扇贝肉质鲜甜富弹性，由外观颜色可以判别公母，公扇贝的膏为乳白色，而母扇贝的膏为橘红色。

准备

丝瓜 ▷ 切薄片　**洋葱 ▷ 切丝**

丝瓜去皮，切薄片。　洋葱切丝。

金针菇 ▷ 剥散　**枸杞子 ▷ 泡软**

金针菇剥散成丝状。　枸杞子泡水至软备用。

2 将洋葱丝铺于盘子中间，依序放上金针菇、扇贝肉、枸杞子，淋上拌匀的调味料备用。

3 将蒸锅底锅的水加热至滚，放入装丝瓜扇贝的盘子，盖上锅盖，以大火蒸约15分钟即可熄火（或放入电锅蒸至开关跳起来）。

4 小心打开锅盖，取出丝瓜扇贝即可。

粉蒸杏鲍菇

蒸锅
▷大火15分钟
电锅
▷外锅1杯水

生鲜材料

杏鲍菇250克、水煮栗子50克
白果40克、冷冻胡萝卜球35克

其他材料

辣豆豉35克

调味料

蒸肉粉60克、荫油2大匙
细砂糖1大匙、水2大匙

准备

杏鲍菇　切滚刀块
杏鲍菇去根部，切
滚刀块。

Cooking Tip

冷冻胡萝卜球带些甜味，
可到大型超市购买；或以
新鲜胡萝卜挖球替代。建
议先煮过再和其他材料
一起蒸，可以缩短烹
调时间。

Start

1 杏鲍菇、栗子、白果、胡萝卜球放入调理盆，加入调味料
和辣豆豉抓匀，再铺入大碗中备用。

2 将蒸锅底锅的水
加热至滚，放入
装杏鲍菇的大碗，盖
上锅盖，以大火蒸约
15分钟即可熄火(或
放入电锅蒸至开关跳
起来)。

3 小心打开锅盖，
取出粉蒸杏鲍菇
即可食用。

辣豆豉

添加辣椒的豆豉，可以让
这道蔬菜料理一同拥有酱
香、豆香和麻辣口感的丰
富滋味，除了拿来做蒸、
卤类料理外，也适合作为
拌炒的调味料。

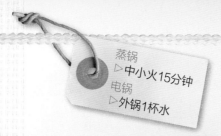

蒸锅
▷中小火15分钟
电锅
▷外锅1杯水

茭白枸杞蒸蛋

生鲜材料

茭白6根(150克)、蛋6个
豌豆20克

其他材料

枸杞子20克、罐头香树子汁1大匙

调味料

酱油2大匙、白胡椒粉少许、水480毫升

Start

1 取1/2分量茭白放入搅拌棒附的容器中，加入少许水(分量外)，搅打成泥，并装入大碗中备用。

准备

茭白 ▷ 切小丁
茭白剥壳，去头后切小丁。

枸杞子 ▷ 泡软
枸杞子泡水至软。

2 蛋剥壳，打入调理盆中，用打蛋器打散，加入1/2分量枸杞子、1/2分量豌豆、香树子汁和调味料拌匀，再倒入已装有茭白泥的大碗中。

3 将蒸锅底锅的水加热至滚，放入装茭白蛋液的大碗，再铺上剩余枸杞子、豌豆，盖上锅盖，以中小火蒸约15分钟即可熄火(或放入电锅蒸至开关跳起来)。

4 小心打开锅盖，取出蒸蛋即可。

清蒸树子豆包浆

蒸锅
▷ 大火10分钟
电锅
▷ 外锅2/3杯水

生鲜材料

豆包浆250克、九层塔（罗勒）15克

其他材料

罐头香树子40克、香树子汁25毫升

调味料

酱油膏35毫升

准备

九层塔　切碎

Start

1　香树子放入塑料袋中，搓揉后剥除籽。

Cooking Tip

这是一道清爽美味的素料理，豆包浆为豆浆表面形成的膜，可到素食材料店或豆浆店购买。

2　豆包浆放入调理盆，加入香树子、九层塔、香树子汁和酱油膏拌匀，再铺于容器中备用。

3　将蒸锅底锅的水加热至滚，放入装树子豆包浆的容器，盖上锅盖，以大火蒸约15分钟即可熄火(或放入电锅蒸至开关跳起来)。

4　小心打开锅盖，取出树子豆包浆即可食用。

素瓜仔肉蒸冬瓜

蒸锅
▷ 大火20分钟
电锅
▷ 外锅1又1/3杯水

生鲜材料

冬瓜250克、胡萝卜50克
干香菇(泡软)3朵、香菜15克

其他材料

素瓜仔肉50克

调味料

香油1大匙、荫油1大匙

Start

1 取一个盘子，依序排上1片胡萝卜、1片香菇、1片冬瓜，交错排列成三行，铺上素瓜仔肉，淋上调味料备用。

2 将蒸锅底锅的水加热至滚，放入装素瓜仔肉冬瓜的盘子，盖上锅盖，以大火蒸约20分钟即可熄火(或放入电锅蒸至开关跳起来)。

3 小心打开锅盖，取出素瓜仔肉冬瓜，撒上香菜即可。

准备

冬瓜　切薄片
冬瓜去皮和籽，再切成长方形薄片。

胡萝卜　切薄片
胡萝卜去皮，切长方形薄片。

干香菇　切片
干香菇去蒂头，对切成片状。

香菜　切小段
香菜去头，切小段。

Cooking Tip

冬瓜、胡萝卜和香菇切割大小尽量一致，这样交错排列完成才会整齐漂亮。

素瓜仔肉

选用面筋、香菇、腌小黄瓜为主要原料，搭配壶底黑豆酱汁一起调制而成，可适量添加于菜肴中，或直接拌面、拌饭，也可夹在面包里搭配食用，别有一番风味。

PART2
方便的炖卤料理

一锅香味四溢、浓郁入味的炖卤菜。

Simmer

★卤味的灵魂主角~酱油

酱油是中菜料理的最佳调味料，更是卤菜的重要灵魂素材，在炖卤过程中会慢慢产生迷人的香气、漂亮的色泽。想要卤出一锅好味道来满足全家人的肠胃，我们该如何运用琳琅满目的酱油呢？通过如下说明，你将能轻松掌握。

遵行古法酿出好味道

一瓶健康香醇的天然酱油的诞生，需要经过繁琐手工酿造程序和至少120天的发酵时间：精选黑豆→浸泡蒸煮→豆子冷却→制曲→培曲→洗曲→加盐入陶瓮→盐封120天以上→开封除盐→压榨→过滤杂质→蒸煮加工调味→酱油及相关产品。

酱油的制造方法

市面上酱油种类非常多，价格也因为做法不同而有所差别，以下将根据酿制方法做分类介绍。

☆酿造酱油

以黑豆为原料，经过蒸煮、制曲、入缸日晒自然发酵而成，黑豆酱油、黑豆油膏及清油即采用此制法。另一种是以黄豆、小麦为原料，经过蒸煮、制曲、拌盐后入缸，经由酵母及乳酸菌发酵而成。以上两种酿造法均为传统制法，不含防腐剂，以盐的防腐性来发酵熟成，且保留较多的营养成分，差别只有豆子种类和培菌上的不同。酿造酱油保留酱油的自然香气，非常适合作为炖卤调味及蘸酱。

☆化学酱油

又称速酿酱油，将盐酸和黄豆混合，让黄豆的蛋白质经盐酸分解成氨基酸，并在调制过程中添加酱色或人工甜味剂来增加酱油的味道，且制作过程机械化，酿制过程仅需三天就能完成，很容易流失营养成分，味道比较刺激，无法保留酱油原有的醇香。

☆合成酱油

又称混合酱油，由酿造酱油和化学酱油混合而成的酱油，但由于纯度较低，所以香气不及酿造酱油。

酱油的种类

在大陆，酱油一般分为老抽和生抽等；台湾的酱油分类更细，其酱油的相关产品除了荫油、清油、壶底油、酱油膏外，还包含经过调味加工的风味酱油，如松露酱油、柴鱼酱油、红曲油膏等。

☆酱油/清油

以传统酿制法酿造，最甘醇美味，而市面上标示"清油"字样的酱油，也是酱油的一种，口感回甘，适合各种烹饪法、腌渍食材或作为蘸酱。

☆风味酱油

例如在后续加工过程中添加柴鱼、海带萃取物调制而成的和风酱油，适合日式风味的料理；具独特香气的贵族松露和甘醇的酱油一起也可调制成松露酱油，添加适量于卤汁或热炒中调味，可将食材本身的美味发挥到极致。

☆荫油

酱油经发酵后所沉淀的最终物质，再经过调制才会成为荫油。稠度介于酱油和酱油膏之间，适合作为蘸酱或炖卤调味。

☆酱油膏

在杀菌前加入糯米，可增加酱油的稠度，即为酱油膏。在口感上比酱油浓厚些，除了传统原味外，还有添加红曲、柴鱼的酱油膏，可依个人喜好挑选适合的风味来料理或做蘸酱。

☆壶底油

黑豆在缸里酿制过程中，原汁会留在缸底，这是最香醇的部分，取这部分的酱油来制作，即称为"壶底油"。

★卤出好滋味~辛香料&中药材

卤汁中添加辛香料和中药材，最主要的作用在于提香、去腥、增加甘甜味，这些辛香料和中药材在一般中药店、传统市场或杂货店就可以买到了。

❀ 干辣椒

可以提供卤汁香气与辣味，有强化食物味道的功能，辣度依所添加分量而定，为卤味辛香材料中的必备品。

❀ 姜

具有杀菌、降低腥味的效用，与蒜、辣椒相比，是较温和的提味材料，可消除肉类腥味。

❀ 葱

葱具有去腥膻味、增香的作用，且与肉类一起烹煮，能增加蛋白质的人体吸收利用率。

❀ 红枣

味甘甜，可以增加食物的美味，在炖卤过程中会释出自然的甘甜味，可以取代糖的使用。

❀ 蒜

是卤汁中非常重要的辛香料，具浓郁呛辣味，气味强烈。含蒜素，用于料理中可杀菌、去腥味、增香气。

❀ 花椒粒

具有强烈的芳香气味，味麻且辣，香味持久，用于烹调有增香、解腻及去腥的功效，由于味道明显，多与其他辛香材料混合以平衡味道。

❀ 小茴香

香味强烈，有健胃效果，对于牛肉、羊肉及内脏类食材，具有去除异味、解腻的功效，并有防腐作用。选购时以呈黄褐色、颗粒较小的为佳。

❀ 八角

又称大茴香，具甜味且香味浓郁，有突显出肉香的功能，是万用卤包的重要材料之一。

❀ 百草粉

具独有香气，为小茴香、肉桂、丁香、三奈等辛香料所调配而成的调味品，适合应用于烹调肉类，可提味增香。与料理一起入锅炖煮，味道较隐藏，若起锅前加入则味道更显。

❀ 月桂叶

又称甜桂叶，添加1~2片于卤汁中，清香淡淡的独特风味，具有去腥防腐的作用，叶子质地硬，略带有苦涩味，烹煮后并不适合食用，烹调完成之后就要取出丢弃。

★ 卤出美味的诀窍

想要将卤菜卤得好吃且色泽光鲜诱人，需要注意哪些重点呢？
只要把握如下的原则和诀窍，就能卤出一锅好味道！

✿ 肉类内脏先汆烫

肉类及内脏需先汆烫去血水，再用清
水洗净表面附着的杂质；而表皮上的杂毛
必须拔除干净才不会影响卤汁及口感，建
议在汆烫后趁热处理，更容易拔除细毛。

✿ 巧用棉布袋或泡茶器

将辛香料、中药材装入棉布袋或泡茶器中，可
避免辛香药材散落整个卤锅或黏附于欲卤制的食材
上，而影响食用的方便性。

✿ 食材完全浸泡

食材务必完全泡入卤汁中，才能均匀吸入卤汁精华；若食材体积较大，
建议切小后再放入炖锅中。通常一开始先以大火煮滚，再转中火或小火继续
保持微滚的状态，就不会导致食物过于软烂而粘锅或产生食物没有入味的情
况。建议在炖卤过程中尽量不要翻动食物，可避免食物破皮或碎裂。

✿ 酱油可分次加入

炖卤肉类时，不宜和豆类或面筋类一起卤制，
能避免味道走味及酸败。且所有卤汁的酱油量不需
要一开始全部加入，可保留1/4分量留待炖卤完成前
5分钟，再视咸淡酌量添加，这样可避免料理过咸。

✿ 不锈钢架垫底，避免黏锅

大量炖卤时，可以在炖锅底部垫一个不锈
钢架(或竹网)，可避免底部卤物烧焦。卤汁调味
料避免使用大量酱油膏，因为酱油膏含糯米，
容易导致粘锅和烧焦。

✿ 卤菜保存方法

卤菜需完全放凉后再放冰箱保存(冷藏约1星期)，若需冷冻
慢慢吃，可视需要量装盛于密封袋或保鲜盒，冷冻约1个月。
分装前需先捞除辛香料，待食用时，解冻后加热，并视卤汁浓
淡程度补充适量的水、酱油等调味料一起煮滚就可以了。

栗子绍兴红烧肉

生鲜材料

猪五花肉400克、水煮栗子300克
干香菇(泡软)8朵、香菜30克

其他材料

干辣椒15克、百草粉1小匙

调味料

A 松露酱油5大匙、冰糖2大匙
B 绍兴酒200毫升、水500毫升

准 备

猪五花肉
▷ **切片**
猪肉切厚度
约0.5厘米
片状。

干香菇
▷ **切片**
干香菇切去蒂
头后，切十字
刀各成4片。

香菜 ▷ **切小段**
香菜去头，切
小段。

Start

1 将调味料A倒入
锅中，以中小火加
热至滚且产生香味。

2 小心倒入绍兴酒，放入猪肉翻拌均
匀，续煮至肉上色且滚，再加入栗
子、香菇煮至上色，接着加入干辣椒、百
草粉煮至滚。

3 再倒入水，盖上锅盖，转小火卤约40
分钟至入味，装碗，撒上香菜即可。

绍兴酒
你可以试试看将食
材分开慢慢加入卤
制，可以让食材更
香且易入味。添加
酒香浓郁的
绍兴酒，可
以提升这道
红烧肉的独
特香气，也
可以米酒替
代，但酒味
较清淡。

 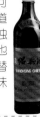

红曲油膏

添加天然红曲的酱油，其独特的口感，适合添加适量于卤汁中，可以增加卤物的香气及甘甜口感，也可以作为凉拌酱汁。

红曲肉燥

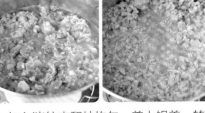

生鲜材料

猪绞肉400克

其他材料

油葱酥100克

调味料

红曲油膏60毫升、冰糖20克
米酒30毫升、水500毫升

1 将所有调味料倒入锅中煮滚。

2 加入猪绞肉翻炒均匀，盖上锅盖，转小火续卤30分钟至卤汁剩余1/2分量。

3 加入油葱酥，盖上锅盖，续卤20分钟至卤汁快收干即可。

变化1 番茄肉燥

生鲜材料▶猪绞肉400克
其他材料▶罐头番茄粒400克
蒜酥100克
调味料▶荫油100毫升、冰糖20克、米酒100毫升、水500毫升
做法

1 将所有调味料倒入锅中煮滚。

2 加入猪绞肉、番茄粒翻炒均匀，盖上锅盖，转小火续卤30分钟至卤汁剩余1/2分量。

3 加入蒜酥，盖上锅盖，续卤20分钟至卤汁快收干即可食用。

变化2 荫瓜肉燥

生鲜材料▶猪绞肉400克
其他材料▶荫瓜200克
调味料▶酱油50毫升、冰糖20克
米酒100毫升、水500毫升
做法

1 荫瓜切碎，备用；将所有调味料倒入锅中煮滚。

2 加入猪绞肉翻炒均匀，盖上锅盖，转小火续卤30分钟至卤汁剩余1/2分量。

3 加入荫瓜，盖上锅盖，续卤20分钟至卤汁快收干即可。

变化3 银鱼腐乳肉燥

生鲜材料▶猪绞肉400克、银鱼80克
其他材料▶豆腐乳4块、蒜酥100克
调味料▶酱油膏30毫升、冰糖20克、米酒100毫升、水500毫升
做法

1 将所有调味料倒入锅中煮滚。

2 加入猪绞肉、豆腐乳翻炒均匀，盖上锅盖，转小火续卤30分钟至卤汁剩余1/2分量。

3 加入蒜酥、银鱼后盖上锅盖，续卤20分钟至卤汁快收干即可食用。

当归酒香猪蹄

生鲜材料
猪蹄500克、青葱4根、嫩姜40克
蒜40克、红辣椒2条

其他材料
当归30克

调味料
酱油240毫升、绍兴酒120毫升
细砂糖3大匙、水1400毫升

Start

1 猪蹄放入滚水中汆烫，捞起后用清水冲洗表面杂质附着物。

2 将猪蹄放入锅中，倒入水，再加入其他生鲜材料、当归和调味料，以大火煮滚。

3 再盖上锅盖，转小火卤约45分钟至入味即可盛起。

甘蔗卤猪肋排

生鲜材料

猪肋排500克、青葱2根、红辣椒1根
蒜2瓣、甘蔗1段

其他材料

卤包1个

调味料

酱油100毫升、冰糖2大匙
米酒2大匙、水800毫升

准备

猪肋排　　　　甘蔗
　切小块　　　　　切小段

猪肋排切厚度约　甘蔗切约
0.5厘米小块。　　5厘米小段。

Start

1　猪肋排放入滚水
　　中汆烫，捞起后
用清水冲洗表面杂质
附着物备用。

2　将所有生鲜材料、卤包放入锅中，加
　　入所有调味料略拌均匀。

卤包

市售卤包因厂
家不同而略有
差别，但大多含
八角、花椒粒、
草果、肉桂粉、
桂枝等中药辛香
料，挑选个人
喜欢的风味就
可以了。

3　开大火煮至滚，再盖上锅盖，转小火卤
　　约60分钟至入味即可盛起。

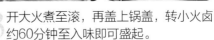

双蔬卤蹄筋

Start

1 将生鲜材料A放入锅中，加入所有调味料翻拌均匀。

生鲜材料

A 泡发蹄筋100克
竹笋2根(280克)
干香菇3朵(泡软)、蒜7瓣
嫩姜20克、红辣椒2根
B 油菜6根(240克)

调味料

荫油3大匙、白胡椒粉1/4小匙
冰糖1大匙、绍兴酒2大匙、
水960毫升

2 开大火煮至滚，再盖上锅盖，转小火卤约40分钟至入味即可熄火。

3 油菜放入滚水中余烫，捞起沥干水分，铺于盘中，将做法2中卤好的材料盛入盘中即可。

准备

泡发蹄筋 切小段
泡发蹄筋切约3厘米小段。

竹笋 切滚刀块
竹笋剥壳，削除底部粗皮，切滚刀块。

干香菇 切片
干香菇去蒂头，切小片。

蒜 切片
蒜切片。

嫩姜 切片
嫩姜切片。

红辣椒 切斜片
红辣椒切斜片。

油菜 去头
油菜去头，但维持整根状态。

花生玉笋烧梅肉

生鲜材料
猪梅花肉（上肩肉）400克
熟花生300克
青葱3根

其他材料
罐头玉笋150克、八角4个

调味料
酱油膏3大匙、绍兴酒3大匙
细砂糖1/2大匙、水240毫升

Start

1 猪梅花肉放入滚水中汆烫，捞起后用清水冲洗表面杂质附着物备用。

2 将生鲜材料放入锅中，加入玉笋、八角和所有调味料翻拌均匀。

准备

猪梅花肉
▷**切小块**
猪梅花肉切小块。

青葱▷**切小段**
青葱切约3厘米小段。

Cooking Tip
细砂糖也可以冰糖替代，在加热炖煮时会产生黏稠感，且让肉块有光泽。

3 开大火煮至滚，再盖上锅盖，转小火卤约5分钟至入味即可盛起。

玉笋罐头
是由竹笋、糖、盐、辣椒等所调制而成的方便罐头，可以作为料理的配料，帮助提味，也适合直接搭配稀饭或夹馒头、吐司食用。

麻辣肉羹酸菜结

生鲜材料

A 酸菜结300克、肉羹300克
　蒜3瓣、红辣椒2根

B 蒜苗2根

其他材料

干辣椒30克、花椒粒10克

调味料

A 细砂糖1小匙、绍兴酒2大匙
　酱油2大匙、水400毫升

B 香油1大匙

准备

蒜 切片
蒜切片。

红辣椒 切斜片
红辣椒切斜片。

蒜苗 切斜片
蒜苗切斜片。

Start

1 将生鲜材料A、干辣椒、花椒粒和调味
　料A放入锅中，以大火煮滚。

Cooking Tip

酸菜结的组成食材为猪肉、竹笋、胡萝卜、酸菜，然后利用葫芦干绑起来，一般传统市场就可以买到。除了炖卤外，也适合用来煮汤。

2 盖上锅盖，转小火卤约10分钟至入
　味，再加入蒜苗翻炒均匀，起锅前淋上
　香油炒匀即可。

千层猪耳朵

生 鲜 材 料
卤猪耳朵210克、蒜4瓣
老姜10克

其 他 材 料
卤包1个、百草粉1小匙
吉利丁15片(约38克)

调 味 料
酱油240毫升、冰糖2大匙
米酒2大匙、水1000毫升

Cooking Tip
吉利丁片可到烘焙材料店购买，不需要泡太久，软了就可以拿起来拧干了。

Start

1 吉利丁片放入冰水中，待软，拧干后放于调理盆备用。

2 将所有生鲜材料放入锅中，加入卤包、百草粉和所有调味料翻拌均匀。

3 开大火煮至滚，再盖上锅盖，转小火卤约40分钟至入味，取出卤包、蒜和老姜，再加入已软的吉利丁，续煮至吉利丁完全融化即可熄火。

4 将做法3中的所有材料倒入有深度的浅盘中。待凉后，表面覆盖一层保鲜膜，放入冰箱冷藏约4小时至凝固。

5 取出后用刀将四周划开，脱盘后切片即可食用。

双枣桂花鸡

生鲜材料
仿土鸡腿1只(500克)、红枣12个
黑枣12个、香菜30克

其他材料
桂花酱3又1/2大匙

调味料
酱油2大匙、米酒3大匙、水600毫升

准备

仿土鸡腿
切小块
鸡腿切小块。

香菜　切碎
香菜去头，
切碎。

Start

1　鸡腿肉放入滚水
中氽烫，捞起后
用清水冲洗表面杂质
附着物备用。

2　将所有生鲜材料
放入锅中，加入
调味料、3大匙桂花
酱翻拌均匀。

红枣&黑枣
红枣和黑枣是
使用率很高的
中药材，在加
热中释出自然
的甘甜味，不
但补身，还可
以取代或减少
糖的使用量。

3　开大火煮至滚，再盖上锅盖，转小火卤
约20分钟至入味，加入剩余桂花酱拌
匀，撒上香菜即可盛起。

Cooking Tip

配种而来的仿土鸡，又
称半土鸡，仿土鸡的肉质
不会太硬也不会太软，介
于肉鸡和土鸡之间，适
合各类烹调。

芋头腊肠鸡

1 鸡腿肉放入滚水中汆烫，捞起后用清水冲洗表面杂质附着物备用。

2 将调味料A倒入锅中，以中小火加热至滚且产生香味，再小心倒入绍兴酒、水。

生鲜材料

仿土鸡腿1只(600克)
广式腊肠3条(135克)
芋头(去皮)450克、洋葱1/2个
青葱3根

调味料

A 松露酱油3大匙、冰糖1大匙
B 绍兴酒200毫升、水500毫升

 准备

3 放入鸡腿肉、芋头块和洋葱丁翻拌均匀，开大火煮至滚，再盖上锅盖，转小火卤约30分钟，再加入腊肠，续卤10分钟至入味。

仿土鸡腿
切小块
鸡腿切小块。

广式腊肠
切斜片
腊肠切斜片。

4 加入葱段，快速翻拌均匀即可盛起。

芋头　切小块
芋头切条，再切小块。

洋葱　切大丁
洋葱切大丁。

青葱　切小段
青葱切约3厘米小段。

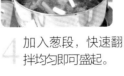

松露酱油
松露的独特香气和酿造酱油的甘美一起调制而成的松露酱油，可将食材本身的美味发挥到淋漓尽致，不仅适合当调味料烹调，单纯当蘸酱或拌面或饭也非常适宜。

红曲酒酿笋鸡

Start
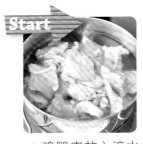

1 鸡腿肉放入滚水中汆烫，捞起后用清水冲洗表面杂质附着物备用。

生鲜材料

去骨鸡腿2只(500克)
竹笋2支(300克)、青葱2根

调味料

红曲油膏3大匙、冰糖1大匙
米酒3大匙、酒酿3大匙、水500毫升

2 将所有生鲜材料放入锅中，加入调味料翻拌均匀。

准备

去骨鸡腿　**青葱**　切小段
切小块　　　青葱切约3厘米
鸡腿切小块。　小段。

3 开大火煮至滚，再盖上锅盖，转小火卤约20分钟至入味，加入葱段，快速翻拌均匀即可盛起。

竹笋　切滚刀块
竹笋剥壳，削除底部粗皮，切滚刀块。

Cooking Tip
- 搅拌肉馅只要拌至材料和调味料完全混合就可以了，不需要产生黏性。
- 红辣椒可以去籽，减少辛辣感。

竹笋卤鸡肉丸

生鲜材料

A 鸡绞肉300克、干香菇6朵(泡软)
   青葱2根、蒜5瓣、嫩姜15克、蛋2个
B 竹笋3根(400克)、红辣椒2根
   豌豆荚40克

其他材料

罐头香树子1大匙

调味料

A 荫油1大匙、香油1大匙、白胡椒粉1/4小匙
B 荫油2大匙、味淋2大匙、水480毫升

1 蛋剥壳，打入调理盆中，加入生鲜材料A、调味料A搅拌均匀，即为鸡肉馅，备用。

2 取约1大匙鸡肉馅放于掌心，整成扁圆形，依序排列于盘中，再放入底锅水已滚的蒸锅中，以大火蒸8分钟即为鸡肉丸。

准备

3 将竹笋放入锅中，加入红辣椒、香树子和调味料B煮滚，再放入鸡肉丸，盖上锅盖，以小火煮约5分钟至滚。

干香菇▶切碎
干香菇去蒂头，切碎。

青葱▶切末
青葱切末。

蒜▶切片
蒜切片。

嫩姜▶切菱形片
嫩姜切菱形片(或薄片)。

竹笋▶切滚刀块
竹笋切滚刀块。

红辣椒▶切斜片
红辣椒切斜片。

豌豆荚▶除筋
豌豆荚蒂头撕开，向下拉除筋备用。

4 打开锅盖，放入豌豆荚续煮5分钟至熟即可。

南瓜烧牛小排

Start

1 牛小排放入滚水中汆烫，捞起后用清水冲洗表面杂质附着物。

2 将调味料A倒入锅中，以中小火加热至滚且产生香味。

生鲜材料

无骨牛小排600克
南瓜1/2个(400克)
洋葱1/2个、青葱3根

调味料

A 和风酱油240毫升
　味淋80毫升
　米酒120毫升
　白胡椒粉1小匙
B 水800毫升

3 放入牛小排、南瓜和洋葱丁翻拌均匀，倒入水，开大火煮至滚，再盖上锅盖，转小火卤约10分钟至入味。

准备

无骨牛小排
切小块
无骨牛小排切小块。

南瓜 切小块
南瓜削除较粗的皮，切小块。

4 再加入葱段，快速翻拌均匀即可。

洋葱 切大丁
洋葱切大丁。

青葱 切小段
青葱切约3厘米小段。

辣味风卤牛腱

生 鲜 材 料

A 卤牛腱210克、洋葱50克
胡萝卜50克

B 青葱2根

其 他 材 料

干辣椒5克、花椒粒5克

调 味 料

酱油1大匙、白胡椒粉1/4小匙
水1000毫升

Start

1 将生鲜材料A、葱段放入锅中，加入干辣椒、花椒粒和所有调味料翻拌均匀。

准 备

卤牛腱
▷**切小块**
卤牛腱切小块。

洋葱▷**切小丁**
洋葱切小丁。

胡萝卜▷**切小丁**
胡萝卜去皮，切小丁。

青葱▷**切小段、切末**
青葱1根切约3厘米小段，1根切末。

卤牛腱

将500克牛腱放入滚水汆烫后取出，表面杂质洗净再放入锅中，加入1个卤包、3根青葱、20克嫩姜、4瓣蒜、2根红辣椒、240毫升酱油、120毫升米酒、4大匙冰糖、600毫升水煮滚，转小火卤约2小时至牛腱软且入味，就是香喷喷的卤牛腱了(或电锅蒸制，外锅共6杯水，分三次加入，每次2杯，等开关跳起来时，再加入第二、第三次水)。

2 开大火煮至滚，再盖上锅盖，转小火卤约50分钟至入味，加入葱末，快速翻拌均匀即可盛起。

日式卤章鱼嘴

生鲜材料

A 章鱼嘴250克、白萝卜65克
　　胡萝卜60克、蒜4瓣、洋葱25克
B 青葱1根

其他材料

干海带1条(约30厘米)

调味料

A 和风酱油150毫升、清酒35毫升
　　味淋100毫升、水1000毫升
B 七味辣椒粉1小匙

Cooking Tip

以和风酱油、味淋和七味辣椒粉来调味，是一道典型日式风味料理，再加入海带更能使卤汁的美味加分。

准备

萝卜 切大丁
白萝卜、胡萝卜去皮，均切大丁。

洋葱 切大丁
洋葱切大丁。

蒜 切片
蒜切片。

青葱 切末
青葱切末。

干海带 剪小段
干海带表面的灰尘擦净，剪小段。

Start

1 章鱼嘴放入滚水中氽烫，捞起沥干水分备用。

2 将生鲜材料A、海带放入锅中，加入调味料A，以大火煮滚。

3 盖上锅盖，转小火卤约30分钟至入味，盛盘，撒上葱末、七味辣椒粉即可。

Cooking Tip

● 柴鱼片放入滚水后，立即采用熄火浸泡的方式为宜，若持续加热容易产生苦味。

● 章鱼、墨鱼类采用熄火浸泡方式，可以避免久煮肉质过老的现象。

柴鱼章鱼土豆块

生鲜材料

章鱼(大)300克、土豆250克
胡萝卜200克、青葱1根、
油豆腐1块

其他材料

柴鱼片35克

调味料

酱油80毫升、味淋1大匙、水720毫升

Start

1　煮一锅水至滚，熄火，放入章鱼片，盖上锅盖，泡约5分钟至熟，捞起沥干水分。

2　将调味料倒入锅中煮滚，熄火，放入柴鱼片，盖上锅盖，泡约10分钟，再用滤网滤出汤汁，即为柴鱼高汤。

3　将柴鱼高汤倒入锅中，加入土豆、胡萝卜，盖上锅盖，以中火煮约15分钟至熟软，再加入酱油、味淋，盖上锅盖，转小火续卤约20分钟至入味。

准备

章鱼　切片
章鱼切约0.5厘米片状。

土豆　切滚刀块
土豆去皮，切滚刀块。

胡萝卜　切滚刀块
胡萝卜去皮，切滚刀块。

青葱　切末
青葱切末。

油豆腐　切小方块
油豆腐等切为9块小方块。

4　打开锅盖，再加入章鱼片、油豆腐翻拌均匀，撒上葱末，快速拌匀即可。

松露西西里豆

生鲜材料

A 花豆25克、鹰嘴豆25克
　　眉豆50克
B 土豆120克、蒜2瓣

调味料

松露酱油2大匙、细砂糖1小匙
白胡椒粉1/4小匙、水500毫升

Start

1 材料A泡水3小时，沥干水分后倒入锅中，加入水煮滚，以中小火煮约30分钟至豆子软，捞起后放另一个大锅中。

2 将水倒入放豆子的大锅中，以大火煮滚，加入生鲜材料B，倒入其他调味料翻拌均匀。

准备

土豆 ▷ 切小丁
土豆去皮，切小丁。

蒜 ▷ 切碎
蒜切碎。

3 续煮至滚，再盖上锅盖，转小火卤约25分钟至入味即可盛起。

Cooking Tip

豆子可以到杂粮店或一般超市购买，也可以自由替换成红腰豆、雪莲子豆，或红豆、黑豆、黄豆一起搭配。

梅干豇豆苦瓜封

生鲜材料

苦瓜1根(360克)、梅干菜100克
豇豆干40克、红辣椒2根
蒜9瓣、嫩姜10克

其他材料

罐头香树子1大匙、荫瓜2大匙
八角5个

调味料

酱油2大匙、细砂糖1大匙
白胡椒粉1/4小匙、香油1大匙
水500毫升

Cooking Tip

新鲜豇豆角晒干即为豇豆干；梅干菜因为长时间暴晒，且使用大量盐腌渍，所以使用前务必泡水且每叶洗净，才能降低咸度。

准备

梅干菜 ▶ 切小段

梅干菜整扎打开，泡入水中约20分钟至完全松开，再一叶一叶洗干净后沥干，切成小段。

豇豆干 ▶ 泡水至软

豇豆干泡入水中约20分钟至软，取出沥干水分。

嫩姜 ▶ 切菱形片

嫩姜切菱形片(或薄片)。

Start

1 将所有生鲜材料、香树子、荫瓜、八角和调味料放入锅中，翻拌均匀。

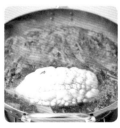

2 开大火煮至滚，再盖上锅盖，转小火卤约25分钟至入味即可盛起。

荫瓜

以小黄瓜、酱油，添加少许糖、盐酿制而成的传统台式酱菜，适合烹饪瓜仔肉、瓜仔鸡汤。

茶香综合卤味

生鲜材料

千层豆干360克、素鸡140克
素面肠150克

其他材料

乌龙茶包1包、月桂叶5片、八角5个
干辣椒20克、豆蔻10克
花椒粒10克

调味料

酱油1/2杯、细砂糖3大匙
香油2大匙、水480毫升

Start

1 将千层豆干、素鸡、素面肠和其他材料
放入锅中，加入调味料翻拌均匀。

2 开大火煮至滚，再盖上锅盖，转小火卤
约30分钟至入味即可盛起。

准备

素鸡▷切小块
素鸡切小块。

素面肠▷切小块
素面肠切小块。

Cooking Tip

○乌龙茶包可以增加清雅茶
香；卤汁中加些香油除了可提
香外，还能增加食材的光泽度。

○这道卤味待凉后放入冰箱
冷藏会更美味，约可保存
7天。

话梅卤花生

生 鲜 材 料

熟花生300克

其 他 材 料

话梅30克、香菜叶2片

调 味 料

酱油60毫升、冰糖30克、水240毫升

1 将花生放入锅中，倒入水，加入酱油、冰糖和话梅翻拌均匀。

话梅

这是柯老师旅游途中在杭州餐馆吃到的料理。添加话梅，可让卤汁回甘呈现不死咸的口感，平时也可以将话梅拿来泡热水饮用，具生津止渴的效果。

2 开大火煮至滚，再盖上锅盖，转小火卤约30分钟至入味，盛起，以香菜叶点缀即可食用。

快速的水煮料理

快速烫煮拌一拌，轻松烹调清爽低热量的水煮美味

Boil

★水煮食材的技巧

水煮食材时有许多细节需留意，包含水煮时间、放入的先后顺序和冰镇方法，学会以下技巧，就能轻松完成料理了。

🌸 汆烫和煮的差别

☆汆烫

又称焯水，是烹调的前处理。将材料放入滚水中，短时间加热成半生不熟的状态，有缩短后续烹调时间、保色等作用。或是肉类可先汆烫去除血水和表面杂质，保持后续烹调的汤汁清澈和清爽口感。

☆煮

将材料放入滚水或高汤中，借滚水的对流，在炉火加热过程中逐渐让食物熟软。本章的水煮菜都是煮好后直接和酱汁拌匀食用，所以在水煮时务必确认食材熟了再取出沥干水分，并待降温。

🌸 水煮的原则

☆食材煮的顺序

同时煮多种食材时，为了避免煮太多锅滚水，建议煮的顺序为蔬菜类→海鲜类→肉类，若先煮肉类，这样水立刻便污浊了。

☆海鲜类用焖泡方式

贝类、虾类或墨鱼类海鲜，在水滚后即放入煮，并立刻熄火，盖上锅盖用余温焖泡的方式泡熟，若持续加热，很容易使肉质组织过度老化，且外观越缩越小。

🌸 水分需完全沥干

所有煮过或冰镇后的食材，其水分要完全沥干再放入调理盆中混合，若还有水分则很容易在混拌时出水，而影响酱汁的咸淡和食材的脆度。拌匀时可以双手戴上一次性塑料手套，或利用筷子、夹子抓拌，再加入酱汁拌匀即可食用。若要让食材粘附酱汁更入味，则建议室温下放置5~10分钟就可以了。

🌸 泡冰水冰镇的重点

生菜之类的材料(如生菜、莴笋等)可以洗净后直接吃，不需水煮，但是为了保持脆度和翠绿色泽，可以剥小片后泡入冰水冰镇，待其他食材处理好再一起拌酱汁；海鲜类煮过后也建议立即泡入冰水冰镇，可以避免继续熟化影响肉质口感；肉类不需冰镇，待降温后不会太烫时，就可以和其他食材一起拌酱汁了。

★ 水煮菜美味的诀窍

水煮菜好吃的秘诀除了食材新鲜外、酱汁加入的时间和保存方式也很重要，只要掌握如下重点，就能快速做出美味的水煮菜！

◎ 刀具、砧板需洁净

除了砧板需分生、熟食外，刀具最好也不要混用，更不能在切过肉类后再来切蔬菜，否则会互相污染，无法让做好的水煮菜保持卫生。更讲究的话，也可先用热水将菜刀稍微烫过再使用，每次切完不同食材后都做一次，更能确保器具干净。

◎ 食材清洗干净

蔬菜类要用流动的水多冲洗几遍，有些要直接生拌的材料，更要用手搓洗干净，才能确保没有农药或其他残留物。

◎ 拌酱汁原则

若酱汁材料均为液体，可以直接均匀加入食材中拌匀；若酱汁材料有较浓稠(如味噌、芥末酱)或颗粒较大的辛香料(如葱、蒜、辣椒碎)，建议先在调理盆中完全拌匀，再和食材一起拌匀，这样调味酱汁才会均匀分布于所有食材上。若遇容易破碎的食材(如鲜蚵)，可以用盛盘后浇淋酱汁的方式食用，可避免过度搅拌而把此类食材拌破了。若生菜类居多的凉菜，建议食用时再加入酱汁，以免生菜软化出水影响口感及味道。

◎ 根茎类用刀切保留脆度

根茎类蔬菜(如小黄瓜、胡萝卜)建议用刀切的方式，较能保留住水分和脆度。也可以使用刨刀器刨丝，但在刨的过程中容易挤出水分，而影响清脆口感。

◎ 忌冷热食材一起拌

需等所有煮过的食材降温后再和酱汁拌匀，若食材中有热有冷，很容易导致凉菜腐坏。更不可以因为要急速降温，在混合后放入冰箱冷藏，因为突然间的降温也很容易导致食物变质。

◎ 水煮菜最佳食用期

水煮菜除了现拌现吃外，放入冰箱冷藏后再食用也很好吃，尤其适合炎热的夏季食用，但是这不表示可以无限期的保存。若要一次做多一点，建议可将酱汁及食材分开保存，取出食用分量后再拌匀，吃多少拌多少，但建议3天之内食用完。

辣味拌双菇鸡丝

生鲜材料

A 鸡胸肉150克、金针菇45克
 杏鲍菇40克、胡萝卜35克
B 香菜30克、蒜9瓣

调味料

荫油2大匙、味淋1大匙、
香油1大匙、陈醋1大匙、
辣椒酱1大匙

Start

1 鸡胸肉放入滚水中，以中火煮熟，捞起
 沥干水分，放置待凉后撕成细丝。

2 另煮一锅滚水，放入杏鲍菇、金针菇，以中火煮5分钟，再放
 入胡萝卜丝煮1分钟至熟，全部捞起沥干水分后放置待凉。

准备

金针菇 ▷ 剥成细条
金针菇去根部，剥成细条。

**杏鲍菇
▷ 撕成细条**
杏鲍菇去根部，
撕成细条。

3 将所有调味料、蒜碎放入调理盆中拌
 匀，加入鸡胸肉丝、菇类、胡萝卜丝和
 香菜，翻拌均匀即可盛盘。

胡萝卜 ▷ 切细丝
胡萝卜去皮，切
细丝。

香菜 ▷ 切小段
香菜去头，切小
段备用。

蒜 ▷ 切碎
蒜切碎。

涮猪五花沙拉

生鲜材料

猪五花肉300克、洋葱50克
胡萝卜35克、小黄瓜50克
香菜25克

其他材料

熟白芝麻1大匙

调味料

A 和风酱油3大匙、柠檬汁2大匙
　味淋2大匙、香油1大匙

B 七味辣椒粉1大匙

Start

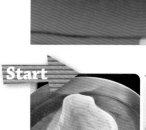  

1 洋葱丝、胡萝卜丝、小黄瓜丝和香菜段混合后，放入适量
冰水中冰镇；五花肉放入滚水中，以中火煮约20分钟至滚
且熟，取出沥干水分后放置待凉，切薄片，备用。

2 将调味料A、2/3分量七味
辣椒粉、白芝麻放入调理
盆，拌匀即为酱汁。将做法1
蔬菜沥干后铺于盘中，放上猪
肉片，淋上酱汁，撒上剩余七
味辣椒粉、白芝麻即可。

七味辣椒粉

七味辣椒粉又称七味唐辛子，主
要是由红辣椒粉、山椒粉、青紫
苏、陈皮、黑芝麻、罂粟子等混
合制成。不会太辣，但香气十
足，适量添加于热汤、饭面中，
或作为蘸酱材料，可以增加料理
的美味度。

准备

洋葱
▷ 切细丝
洋葱切细丝。

胡萝卜
▷ 切细丝
胡萝卜去皮，
切细丝。

小黄瓜
▷ 切细丝
小黄瓜切细丝。

香菜
▷ 切小段
香菜去头，
切小段。

沙茶金菇雪花牛

生鲜材料

A 雪花牛肉片100克

B 金针菇30克、绿豆芽40克
香菜15克、蒜2瓣

调味料

沙茶酱1大匙、酱油膏2大匙
细砂糖1大匙

准备

**金针菇
剥成细条**
金针菇去根部，
剥成细条。

香菜 切碎
香菜去头，
切碎。

蒜 切碎
蒜切碎。

Start

1 煮一锅滚水，放入金针菇、绿豆芽，以中火煮约3分钟，捞起后泡入冰水中。

2 做法1原锅水续煮滚，放入牛肉片，以中火煮约10秒钟至肉变白即捞起沥干水分。

3 调味料放入调理盆中拌匀，先加入材料B拌匀，再加入牛肉片翻拌均匀即可盛盘。

沙茶酱

使用花生粉、鱼、虾米、白芝麻、蒜、辣椒等材料制作而成的沙茶酱，其咸中带点辣，除适合作为火锅或烤肉蘸酱外，适量添加于热炒或凉拌料理中，也能提升菜肴的独特香味且具开胃效果。

洛神醋拌洋葱鱿鱼

生鲜材料

鱿鱼190克、生菜90克
洋葱25克、小黄瓜25克
胡萝卜25克、香菜10克

调味料

洛神花醋2大匙 、细砂糖2大匙
乌梅浓缩汁1大匙、麦芽糖1大匙
酱油1大匙、白醋1大匙

Cooking Tip

● 若家中没有洛神花醋，可以其他水果醋替换；乌梅浓缩汁可在超市或网上购买，或乌梅去籽后打成泥替代。

● 鱿鱼泡入冰水急速冰镇，可以避免肉质继续熟化而影响脆度。

Start

1 将所有调味料放入锅中拌匀，以中火煮滚且糖完全融化，待凉即为酱汁。

2 生菜剥小片，泡入冰水中，放入小黄瓜片、胡萝卜片、香菜一起冰镇备用。

3 煮一锅水至滚，熄火，放入鱿鱼，盖上锅盖，泡约5分钟至熟，捞起后泡入另一盆冰水中冰镇。

4 将鱿鱼、做法2蔬菜沥干水分，和酱汁翻拌均匀即可盛盘。

准备

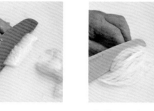

鱿鱼 ▷ 切片
鱿鱼剥除外层薄膜，在表面间隔0.1厘米轻划刀痕不断，将鱿鱼转45度，切成薄片。

洋葱 ▷ 切细丝
洋葱切细丝。

小黄瓜 ▷ 切薄片
小黄瓜切长约3厘米薄片。

胡萝卜 ▷ 切薄片
胡萝卜去皮后，切长约3厘米薄片状。

香菜 ▷ 切小段
香菜去头，切小段。

蒜味鲜蚵秋葵

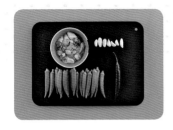

生鲜材料

鲜蚵50克、秋葵120克
蒜7瓣、红辣椒1根

调味料

酱油膏2大匙、细砂糖1大匙
香油1大匙

准备

秋葵　去蒂头
秋葵去蒂头。

蒜　搅打成泥
蒜放入容器中，加入少许水，用搅拌棒搅打成泥。

红辣椒　切碎
红辣椒剖开后去籽，切碎。

Start

1 将秋葵放入滚水中，以中火煮约5分钟，捞起后泡入冰水中冰镇；调味料、蒜泥和辣椒碎拌匀即为酱汁，备用。

2 做法1原锅水续煮滚，熄火，放入鲜蚵，盖上锅盖，泡约5分钟至熟，捞起后泡入冰水中冰镇。

3 将鲜蚵沥干后排入盘中，摆上秋葵，淋上酱汁即可食用。

Cooking Tip

煮好的鲜蚵泡入冰水冰镇可以避免肉质紧缩，所以建议秋葵也冰镇至降温后再盛盘，若冷热食材一起拌酱汁，很容易造成凉菜腐坏。

鲜虾凤尾藻拌洋菜

生鲜材料
虾仁80克、凤尾藻90克
脆藻80克、洋菜10克、香菜20克

调味料
和风酱油2大匙、香油1大匙
细砂糖1/2大匙

Start

Cooking Tip
脆藻、凤尾藻为低热量富饱足感食材，适合作为凉拌材料，可到大型超市或有机食品店购买。

准备

凤尾藻 ▷ 切小段
凤尾藻放入水中泡软，拧干后切小段。

1 煮一锅水至滚，熄火，放入虾仁，盖上锅盖，泡约5分钟至熟，捞起后泡入冰水中冰镇。

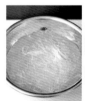 

洋菜 ▷ 切小段
洋菜放入水中泡至软，拧干后再切小段。

香菜 ▷ 切小段
香菜去头，切小段。

2 将调味料放入调理盆拌匀，放入沥干的凤尾藻、洋菜、虾仁，加入脆藻、香菜，翻拌均匀即可盛盘。

樱花虾韭菜卷

生鲜材料
韭菜50克、韭黄50克

其他材料
樱花虾10克

调味料
法式芥末酱10克、酱油1大匙
苹果醋1大匙、白醋1大匙
香油1/2大匙、细砂糖1/2大匙

Start

1 将韭菜、韭黄分别放入滚水中，以中火煮约1分钟，捞起后分别泡入冰水中冰镇。

Cooking Tip
● 樱花虾等食用时再添加，太早和酱汁混合，会流失脆脆的口感。
● 韭菜、韭黄放入冰水降温，可使之后的包卷动作顺利。

2 桌面铺一张保鲜膜，铺上沥干水分的韭菜和韭黄，将保鲜膜向上拉起包覆完整，抓起两端上下推一推使其更紧实。

3 所有调味料放入调理盆，拌匀即为酱汁，备用。

4 将韭菜卷切小段，撕开保鲜膜后放入容器中，淋上酱汁，放上樱花虾即可食用。

花番酱拌蟹棒芦笋

生鲜材料

A 蟹肉棒100克、芦笋50克
玉米笋80克、新鲜法香碎15克

B 红叶生菜30克、紫叶生菜30克
苦菊40克

调味料

番茄酱3大匙、酱油1大匙
花生粉1大匙、蛋黄酱3大匙

Start

1 生鲜材料B的所有菜剥开，泡入冰水中冰镇。

2 煮一锅滚水，放入玉米笋，以中火煮3分钟，再放入蟹肉棒、芦笋续煮30秒钟至熟，全部捞起放入冰水中冰镇。

准备

芦笋 ▷ 切小段
芦笋切半约5厘米小段。

玉米笋 ▷ 剖半
玉米笋剖半。

3 所有调味料放入调理盆拌匀，即为酱汁备用。

4 将生菜铺于盘中，做法2材料沥干水分，排于盘中，淋上酱汁，撒上法香碎即可。

Cooking Tip

● 材料B所列生菜可到进口超市、有机材料店购买，也可以其他具脆度的莴苣类蔬菜自由搭配。

● 生菜泡冰水可保持脆度色泽，建议淋酱汁前再取出沥干水分为宜。

新鲜法香 ▷ 切碎
法香切碎。

香椿蟹肉鲜时蔬

生鲜材料

蟹钳肉100克、小番茄50克
洋葱30克、豌豆荚30克

调味料

香椿酱1大匙、酱油2大匙
橄榄油1大匙、味淋1/2大匙

准备

小番茄 ▷ 切半 洋葱 ▷ 切大丁
小番茄对切。 洋葱切大丁。

豌豆荚 ▷ 切斜片
豌豆荚的蒂头撕开，向下
拉去除筋，切斜片。

Start

1 豌豆荚放入滚水
中，以中火煮约4
分钟，捞起泡入冰水
中冰镇。

2 做法1原锅水续煮
滚，放入蟹钳肉，以
中火煮约30秒钟，立即捞
起泡入冰水中冰镇。

香椿酱
香椿酱不油腻且不
会太咸，带清雅的香
气，可用来炒饭、
拌面，也适合作为凉
拌或炖卤料理调味，
可到大
型超市
或有机
食品店
购买。

3 将调味料放入调理盆拌匀，放入所有材
料翻拌均匀即可盛盘。

吐司丁

添加适量烤过的吐司丁(200℃烘烤约5分钟)，可以在食用时增加多层次口感；也可以在烘烤前先撒些干燥香料增加香气。

法式蒜味鳀鱼红甘

Start

Cooking Tip
● 生菜泡入冰水中，可保持翠绿色泽和脆度。
● 新鲜红甘肉可直接切片食用，若不嗜生食，可先放入滚水中快速汆烫过再食用，烫过随即泡入冰水，能避免肉质过熟而失去嫩度。

生鲜材料
红甘肉400克、洋葱50克
蒜12瓣、生菜180克

其他材料
鳀鱼10克、烤过吐司丁适量
法香碎稍许

调味料
A 法式芥末酱1大匙、
橄榄油3大匙、酱油1大匙、
细砂糖2小匙、柠檬汁2大匙
B 奶酪粉1大匙

准备

洋葱 切碎
洋葱切碎。

蒜 搅打成泥
蒜放入搅拌棒附的容器中，加入少许水，搅打成泥。

1 生菜剥小片，泡入冰水中冰镇。

2 红甘肉放入滚水中煮约10秒钟，立即捞起放入冰水中冰镇，取出后切薄片。

3 鳀鱼、调味料A依序放入调理盆中拌匀，再加入洋葱碎拌匀即为酱汁备用。

4 将生菜沥干后铺于盘中，排上红甘片，淋上酱汁，撒上奶酪粉、吐司丁，可再以法香碎装饰。

鲜虾鳄梨土豆

生鲜材料

白虾8只(120克)
鳄梨1个(450克)
土豆1个(230克)
红鱼子酱5克
黑鱼子酱5克

调味料

酱油膏3大匙、绿芥末酱1/4小匙
蛋黄酱1大匙

Start

1 土豆放入滚水中，以中火煮约25分钟至熟软，捞起泡入冰水中冰镇。

2 做法1原锅水续煮滚，熄火，放入白虾，盖上锅盖，泡约5分钟至熟，捞起后泡入冰水中待凉，取出后剥壳备用。

3 所有调味料放入调理盆中拌匀，加入红鱼子酱拌匀即为酱汁，放入鳄梨翻拌均匀。

准备

白虾　挑除肠泥
用牙签挑除虾背肠泥。

土豆　切小块
土豆去皮，切小块。

鳄梨　切小块
鳄梨剖开，挖除核籽，剥皮后切小块。

4 将土豆铺于盘中，铺上做法3拌匀的材料，放上白虾、黑鱼子酱即可。

柚子风味拌海鲜

生鲜材料
芦笋100克、虾仁40克
苦菊20克、紫叶生菜10克

调味料
和风酱油3大匙、柚子粉1/4小匙

芦笋 ▷ 切段
芦笋切半，约5厘米段。

1 苦菊、红叶生菜剥开，泡入冰水中冰镇。

2 将芦笋放入滚水，以中火煮约30秒钟，捞起后泡入冰水中冰镇。

柚子粉
柚子粉的甘甜香气，适合搭配沙拉或是调入酱汁中，其淡淡的水果香气也能去除海鲜腥味，可到超市购买，或以1/4小匙金桔汁代替。

3 做法2原锅水续煮滚，熄火，放入虾仁，盖上锅盖，泡约5分钟至熟，捞起后泡入冰水中冰镇。

4 调味料放入调理盆中拌匀即为酱汁。

5 将生菜和苦菊沥干后铺于盘中，放上沥干的芦笋、虾仁，再淋上酱汁即可。

辣味凉拌苦瓜

生鲜材料

A 苦瓜1根(350克)
B 嫩姜50克、香菜25克、红辣椒2根

其他材料

罐头香树子汁1大匙

调味料

荫油3大匙、味淋2大匙、香油1大匙

 准备

苦瓜 切小片
苦瓜对半剖开，去籽后切小片。

嫩姜 切丝
嫩姜切丝。

香菜 切小段
香菜去头，切
小段。

红辣椒 切斜片
红辣椒切斜片。

Start

1 苦瓜放入滚水中，
以中火煮约6分钟
即熄火，捞起后泡入
冰水中。

2 将苦瓜捞起沥干水分后放入调理盆，
加入材料B、所有调味料和香树子汁，
翻拌均匀即可盛盘。

和风关东煮

Start

生鲜材料

A 白萝卜(去皮)180克、玉米2段(60克)
   香菜10克

B 甜不辣（鱼板的一种）2片(80克)、米血90克
   竹轮1根(150克)

其他材料

干海带1条(30厘米)

调味料

A 酱油膏1大匙、甜辣酱2大匙
   细砂糖1大匙、味噌1大匙、水1大匙

B 盐1大匙、柴鱼精1大匙、白胡椒粉1/4小匙

C 水800毫升

1 调味料A倒入锅中，以中小火边煮边搅拌至完全融化即为蘸酱。

2 将水倒入锅中，放入干海带、白萝卜、玉米，以中火煮约15分钟至滚且蔬菜熟，加入生鲜材料B续煮滚，再加入调味料B拌匀即可。

准备

白萝卜 ▷ 切小块
白萝卜切小块。

甜不辣 ▷ 切小块
甜不辣切小块。

米血 切小块
米血切小块。

竹轮 切小圈
竹轮切厚度约1厘米圈状。

香菜 切小段
香菜去头，切小段。

3 取适量做法2材料于碗中，淋上做法1酱汁(或当蘸酱)，撒上少许香菜搭配食用。

> **干海带**
> 干海带是海藻类的一种，适合熬煮成充满海洋味道的高汤，使用前先用干净的厨房纸巾轻轻拭去表面白色灰尘。

烫芥蓝淋风味酱

生鲜材料

芥蓝240克

酱汁

A 红曲酱油膏3大匙

B 油葱酥荫油酱：荫油2大匙
油葱酥1大匙、香油1/2大匙
细砂糖1大匙

C 辣腐乳蒜味酱：辣豆腐乳2块
蒜20克、矿泉水120毫升
荫油1小匙、细砂糖3大匙

D 和风柠檬酱：和风酱油2大匙
柠檬汁1大匙、白胡椒粉1/4大匙

Cooking Tip
芥蓝可以空心菜、
甘薯叶等绿叶蔬菜
替换。

准备

芥蓝▷去头
芥蓝去头。

Start

1 调制油葱酥荫油酱：将酱汁B材料放入调理盆拌匀。

2 调制辣腐乳蒜味酱：将酱汁C材料放入容器中，用搅拌棒搅打均匀成泥。

3 调制和风柠檬酱：将酱汁D材料放入调理盆拌匀。

4 将芥蓝放入滚水中，以大火煮约3分钟，捞起后沥干水分，切约4厘米小段，再依个人喜好淋上酱汁即可。

 Contribution Invited

也许您是热爱烹饪美食、追寻美食文化的实践者，也许您是醉心于家居生活、情趣手工的小行家，也许您正好愿意把自己热爱与醉心之事诉诸于笔端、跃然于纸上，和您的每一位读者或粉丝分享，那么，我们非常希望给您提供一方"用武之地"，将您的创意、您的文字或图片以图书形式完美体现。想象一下吧，也许您的加入正是我们携手为读者打造好书的契机，正是我们互相持续带给对方惊喜的源头，那您还犹豫什么呢？快联络我们吧！

凤凰出版传媒集团　江苏美术出版社

北京凤凰千高原文化传播有限公司

地址：北京市朝阳区东土城路甲六号金泰五环写字楼五层

邮政编码：100013

电话：（010）64219772-4

传真：（010）64219381

Q Q：67125181

E-mail：bifhqgy@126.com

图书在版编目（CIP）数据

无油烟轻松煮 / 柯俊年，李耀堂著. —— 南京 ：江
苏美术出版社，2013.7
（健康事典）
ISBN 978-7-5344-5900-9

Ⅰ . ①无… Ⅱ . ①柯… ②李… Ⅲ . ①蒸菜－菜谱②
炖菜－菜谱③汤菜－菜谱④凉菜－菜谱 Ⅳ .
①TS972.113②TS972.122③TS972.121

中国版本图书馆CIP数据核字（2013）第092178号

原书名：无油烟轻松煮　　作者：柯俊年，李耀堂

著作权合同登记号：图字10-2012-588

出 品 人　周海歌

策划编辑　张冬霞
责任编辑　曹昌虹
装帧设计　陈　辉
　　　　　邹红梅
责任监印　朱晓燕

出版发行　凤凰出版传媒股份有限公司
　　　　　江苏美术出版社（南京市中央路165号　邮编：210009）
　　　　　北京凤凰千高原文化传播有限公司
出版社网址　http://www.jsmscbs.com.cn
经 　 销　全国新华书店
印 　 刷　南京新世纪联盟印务有限公司
开 　 本　787×1092　1/16
印 　 张　6
版 　 次　2013年8月第1版　2013年8月第1次印刷
标准书号　ISBN 978-7-5344-5900-9
定 　 价　25.00元

营销部电话　010-64215835　64216532
江苏美术出版社图书凡印装错误可向承印厂调换　电话：010-64216532

您的资料（请清楚填写以方便我们寄书讯给您）

姓名：_____ 性别：□男 □女 生日：_____

职业：_____ E-mail：_____

地址：_____

_____

电话：_____

您购买了 **无油烟轻松煮**

1. 您在什么地方看到了这本书的信息？

□ 便利商店 _____ □ 逛书店时 □ 朋友推荐

□ 网络书店（哪家网站：_____）□ 看报纸（哪家报纸：_____）

□ 听广播（哪个好电台：_____）□ 看电视（哪个好节目：_____）

□ 其他 _____

2. 这本书什么地方吸引了您，让您愿意掏钱来买呢？（可复选）

□ 主题刚好是您需要的 □ 您是我们的忠实读者 □ 有材料照片

□ 有烹调过程图 □ 书中好多菜是您想学的 □ 除了菜肴做法还有许多实用资料 □ 照片拍得很漂亮

□ 您喜欢这本书的版式风格设计 □ 其他

3. 您照着本书的配方试做之后，烹调的结果如何呢？

□ 还没有时间下厨 □ 描述详细能完全照着做出来

□ 有的地方不够清楚，例如 _____

□ 很好吃，您最喜欢的菜是 _____

□ 不是您喜欢的味道，这些菜是 _____

4. 何种主题的烹调食谱书，是您想要在便利商店买到的？

□ 省钱料理，1道菜大约花 _____元 □ 快速上菜，1道菜大约花 _____分钟

□ 吃了会健康 □ 吃了变漂亮 □ 好吃又能瘦 □ 季节性料理

□ 简单制作的点心，例如 _____

□ 单一主题料理，例如 _____

□ 其他我们没有为您想到的，例如 _____

5. 下列主题哪些是您很有兴趣购买的呢？（可复选）

□ 中式家常菜 □ 地方菜（如川菜、上海菜） □ 西餐 □ 日本料理 □ 电锅菜 □ 小火锅 □ 烹调秘笈

□ 咖啡 □ 烘焙 □ 小朋友营养饮食

□ 减肥食谱 □ 美肤瘦脸食谱 □ 其他，主题如 _____

_____

6. 如果作者是知名老师或饭店主厨，或是有名人推荐，会让您更想购买吗？

□ A 会，哪一位对您有吸引力 _____

□ B 不会，因为您更重视的是 _____

7. 您认为本书还有什么不足之处？如果您对本书或本出版社有任何建议或意见，请一定告诉我们，我们会努力做得更好！

_____